水屋・水塚とは

水害から命や財産を守るために、高く盛土《もりど》した上に建てた避難小屋のこと。

撮影＝大西成明
取材・文＝渡邉裕之

長野県南木曽町（なぎそまち）を流れる木曽川。国の重要文化財「桃助橋（ももすけばし）」を見る。

水屋・水塚

木曽三川・岐阜県

伝統的な輪中地域が誇る水防建築の先駆け

辻邸

辻民雄さん。高齢ながら矍鑠（かくしゃく）として、人力で石を運ぶための道具「ガニ」の使い方を実演してくれた。

大正15（1926）年に、石を積み上げて整備したという水屋。このあたりは冬に「伊吹おろし」の季節風が強く吹きつけてくるので、土壁を風雨から保護するために板張りにしている。

木曽三川で見られる典型的な水屋の姿。屋敷自体を高く盛土（もりど）して、周囲を丸石で「ごんぼ積み」し、さらに水屋を1m以上かさ上げしている。

生垣の手入れも美しく、今も現役の凜とした佇まいを見せる。

なぜ、洪水常襲地帯なのか？

「水屋《みずや》・水塚《みずづか》（以下、水屋）」を見に行くならば、やはり木曽三川《きそさんせん》流域にある輪中《わじゅう》地域だ。

濃尾《のうび》平野を北から南へ流れる木曽川、長良川《ながらがわ》、揖斐川《いびがわ》の三つの川の総称が木曽三川。東側を流れる木曽川は、飛騨山脈にある鉢盛山《はちもりやま》を水源とする長さ229㎞の東海地方第一の長流だ。真ん中の長良川は北美濃《みの》の大日ヶ岳《だいにちがだけ》から流れ込んでくる。一番西側は揖斐川、岐阜県揖斐川町の冠山《かんむりやま》を源にした川だ。三つの川は、下流でほとんど合流するような形で伊勢湾に注ぐ。

この木曽三川、数多くの洪水をもたらしてきた。最大の要因は、濃尾平野の東高西低の傾きだ。それによって川底にも高低差ができてしまった。東の木曽川が最も高く、揖斐川が一番低い。それぞれ約2mもの差がある。そのため増水すると昔は合流点で逆流を起こし地域一帯へと水を溢れさせた。

この自然条件に厄介な政治的要件が重なる。草創期の徳川幕府は全国支配を行うために尾張藩を創設した。尾張藩は名古屋城築城とともに、木曽三川の東側、地図で見るならば木曽川の右側に約50㎞にわたる連続堤を築造した。これは水防対策であるとともに、関ヶ原で敗北したとはい

旧名和邸（輪中生活館・大垣市重要有形民俗文化財）

屋敷内に並ぶ、土蔵式水屋（手前右）と住居式水屋（奥）。住居式水屋は左側の母屋と屋根付きの階段（どんど橋）でつながっている。母屋の建造は明治9（1876）年で、住居式水屋は明治15年、土蔵式水屋は明治29年の大水害の経験を経て建造された。

えいまだ力があった西国大名に対する防衛線であった。いや、後者の意味のほうが大きかったろう。そして、ここが水というものの恐ろしさだが、強力な堤防があるということは、反対に堤外で洪水を起きやすくする。実際、連続堤ができあがるとともに、尾張藩にとっては堤外となる木曽三川流域の水害は倍加した。

こうして洪水常襲地帯となった木曽三川流域に住む農民、地主たちは対応策として、集落の周りを囲む堤防を造るようになった。輪中とは、その堤防に囲まれた集落を指す。

しかし、堤防だけでは水害から自分たちの村を守ることができなかった。江戸時代、堤防は毎年のように決壊した。そこで作ったのが、高く盛土《もりど》をした上に建てた避難小屋「水屋」である。

常に水を意識した輪中での暮らし

水屋は洪水の時は避難場所となり、日常的には米や味噌、醤油などの日常必需品を蓄えておく倉庫として機能していた。

輪中地域である岐阜県大垣市、海津市などを車で走ると、水屋をいくつも見つけることができる。明治期からの近代的な治水工事（巨大な堤防と排水機場の設置など）は第二次世界大戦後に

名和家は江戸時代から続く中農の旧家。この土蔵式水屋は、出入り口に寺社建築を連想させる持送りが庇を支え、堂々たる構えを見せる。

窓にも出入り口と同じ持送りの造作が。

完成し、今では洪水に襲われることは激減した。そのため水屋・水塚は水防建築として使われなくなっているのだが、まだまだこの地域には残っていて、多くは物置として使用されている。

　そびえ立つ水屋を見上げると、水害から自分たちの命と財産を自分の手で守り抜くという人々の強い意志を感じた。こうした輪中住民の意志の裏側にあるのは、水に対する強い恐怖心だ。海津市歴史民俗資料館の特別指導員、加藤和保さんはこう語る。

「輪中で暮らすということは、常に水を意識しているということです。それもただの水ではない。田畑をめちゃめちゃにし、家を押し流し人の命を奪う水ですね。このあたり、最後に堤防が

母屋を入ると、土間のすぐ上に、上げ舟が吊り下げられている。洪水の危険が知らされると真っ先に下ろされ、家の前の「舟繋ぎの木」に縛って、最終的な避難手段を確保する。

屋根付き渡り廊下である「どんど橋」を庭側から見る。右側にある母屋と、左に見える住居式水屋をつないでいる非常階段だ。住居式水屋の盛土の高さは1・6mあり、洪水時に長期間ここで暮らせるように、便所まで設けてある。

水屋側から見た「どんど橋」。廊下の先に階段があり母屋につながる。通路両側は嵌め殺しの大きなガラス窓で、ふだんは庭の風景を楽しんでいたのだろう。

切れたのは昭和27（1952）年のことです。もう60年以上も前のことですが、私も忘れられません。じつはその時、私は4歳でした。本当のことを言えば覚えているはずがない（笑）。しかし親が繰り返しその時の洪水の恐ろしさを語るものだから、自分がしっかり見て覚えているような気になっている。戦後生まれの私ですら、こんなですから、年上の人たちは、水への恐怖をもっと強くもって暮らしていたのだと思います。だから輪中で生きる人々の水屋への思いは強烈です。お金がたまれば、もっと高い石垣を組んで、もっと高いところに水屋を建てたいと常に強く思っていたはずです」

念入りに積み上げられた石垣の上に立つ水屋。この建物を見て思うのは高さへの希求だ。住民は過去に浸水した高さよりもとにかく高く建てようとする。だからひどい水害を受けた年や翌年には、新たな水屋が多く立つ。金に余裕がない家では、石垣だけでも高くする。

代々農業をしてきた大垣市米野《こめの》町の辻民雄さんの家には、大正15（1926）年に建てた水屋がある。石垣の組み方は、木曽の水屋の特徴である丸い石を積んでいく「ごんぼ積み」だ。

「水屋は、お爺（祖父）が建てたもの。土台の石は揖斐川の上流から持ってきた。馬の背（岐阜県）あたりに行くと船頭がやってきて、石を売りにきたといいます。そんな話をお爺から聞いた

上田邸

3mほどの高さにそびえる水屋。土壁の傷みが激しかったので、トタン張りに改装し、近代的な姿に変貌している。

大垣市では、石垣に使われる石の多くが「赤坂石」。近郊の金生山（かなぶやま）の石灰岩で、金生山が赤坂町にあったのでこう呼ばれる。丸石が特徴で、かつては舟で石を売りに来たという。

大橋邸（岐阜県重要有形民俗文化財）

堀がめぐらされた広大な屋敷に立つ土蔵式水屋（左奥）。漆喰壁に焼杉板張りで補強されている。建設当時は水田から１ｍほど高く盛土して建てられていたという。

ことがある。昔は重機あらへんで、舟で運んで船着き場からは人力で持ってきた。ガニを使って石を一つひとつ運んで石垣を作っていたんだ」

ガニとは、鉄棒をカニの脚のように曲げたもので、その脚で石を挟み二人で運ぶ。ガニがつかめるのは、人の頭ほどの石一つ。それを根気よく人力で運び高い石垣を組んでいったのだ。それを知っている家族子孫は、水屋を簡単に壊すことはできない。

高いところへ、とにかく高いところへ

水屋は利用目的、構造、資材などから三つに分類される。長い避難生活用の、家族が寝起きすることができる構造をもつ住居式水屋。重要な家財道具などを収納するために厚い土蔵壁をめぐらしている土蔵式水屋。あとの一つ

清水邸

老舗旅館の渡り廊下のような「どんど橋」。母屋からかなり離れた位置に立つ水屋をつないでいる。

は、米や味噌、醤油など貯蔵するための倉庫式水屋だ。

大垣市にある輪中生活館には、名和《なわ》家という大地主の家が整備公開されている。そこには、土蔵式水屋と住居式水屋が建てられていた。

住居式水屋は母屋から水屋へ「どんど橋」という屋根付きの階段を通って上がる。どんど橋という呼び名は上っていく際にドンドと床が鳴る音がするところからきているという。水屋に入ると日本間があり、床の間や調度品も備わっている。便所も付設されて、ふだんの生活がそのまま営めるようになっている。さらに、この座敷にまで水が上がってきたときの非常事態に備えて、急階段がある屋根裏部屋まで用意されていた。大地主の水屋は一見すると優雅な日本家屋だが、機能はあくまでも水屋なのだ。

木曽三川の水屋は、高いところへ、とにかく水が来ない高いところへ、という強い願いが込められた建物ばかりだった。

母屋が立つ敷地全体も高い石垣で囲われ、堅固な石段がつけられている。写真中央に見える切妻屋根が水屋。

東春酒造

庄内川・愛知県

城壁のように見事な石垣の上に立つ水屋。今も手入れを怠らず、板張りと漆喰のコントラストが美しい。

酒造りの大事な酵母を守った土蔵式水屋

名古屋の庄内川《しょうないがわ》流域に酒蔵に使われていた水屋が今も残っている。

建物を所有するのは、江戸末期1865年創業の「東春《とうしゅん》酒造」。この地域は庄内川と矢田川に囲まれた「瀬古《せこ》村輪中」と呼ばれる低湿地帯だったため、酒蔵の造りも石垣の上に立つ土蔵式水屋となっている。昭和が終わるまで水屋で酒を造っていたが、今は使用していない。

「酒を仕込むための大きな樽などが置かれていました。大正14（1925）年の大水害を最後に浸水したことはないと親から聞かされています。でも母からは洪水に対する心得を叩き込まれました。庄内川が蛇行するところで決壊すると水屋のここまで水が上がってくる、下《しも》で切れるとそこまで来ると細かく教わった。酒造りの場は酵母などがありますから水が浸入してきたら、すべておしまいです。ずいぶん警戒していたのでしょう」（東春酒造取締役・佐藤一幸さん）

現在、この水屋では時々クラシックの演奏会などが行われる。蔵の土壁がよいのだろうか、素晴らしく音が響くコンサートホールになるという。

かつての酒蔵の奥にさらに基壇を高くした土蔵があり、二重扉の奥に貴重品が収納されている。

酒蔵の2階から下を見る。1階にはピアノが置かれ、時々クラシックのコンサートが開催される。酒造りに使われていた道具類も展示されている。

東春酒造の取締役・佐藤一幸さん。洪水の経験はないが、母親から水の怖さをしっかり教えられて育ったという。

岐阜県多治見市の土合橋（どあいばし）より庄内川の上流をのぞむ。

撮影を始めた昭和30年、「輪中」という言葉はすでに死語になろうとしていました

河合　孝

1. 堀潰れに囲まれた家

2.石垣の上に立つ家

堀潰れと石垣

私が輪中の様子を撮影し始めた昭和30年代初頭は、まだ木曽三川流域で輪中らしい光景を見ることができる時代でした。

その代表的な光景が「堀潰《ほりつぶ》れに囲まれた農家」でしょう（写真1）。輪中は堤防に囲まれた地域ですが、住民はそれでも安心できず盛土をし、その上に家を建てていました。問題は盛土をするための土砂です。その確保のために家の周りの土を採るところもあった。川に囲まれた輪中地域は地下水位が高く、採土したところに水が出てきて池や沼のようになる。それが「堀潰れ」です。だから輪中に行くと堀潰れに囲まれた家がたくさんあった。この写真には舟が浮かんでいますね。家の玄関からこの田舟に乗って田んぼに出かけるのです。堀潰れは、無数の水路に通じていました。

屋敷周りには、たいてい木がたくさん植えられていました。洪水になると倒木がすごい勢いで流れてきて壁をぶち抜くようなことがある。それを防ぐための防水林であり、防風林の役目もしていた樹木です。

洪水から身を守るためのもう一つの方法として、石垣を築いてその上に家を建てていました。２m近くの高さがある石垣に囲まれたこんな路地をよく見ました（写真2）。道の奥に高くしていない家がありますが、これは村のなんでも屋で、人が入りやすいように商店は道と同じ高さになっているんですね。

この写真は輪中堤（堤防）の外にある斉《さい》

3. 水屋をつなぐ「どんど橋」

田《だ》という場所で撮影したものですが、堤防があることで川の水が溢れ反対に水害を被る地域でした。つまり輪中堤は中に住む人の安全を保障しますが、外にある村の人々にとっては正反対の宿敵ともいえる存在だったのです。この堤外地域の高い石垣は、その自衛手段だったわけです。

水屋の「どんど橋」

輪中特有の建築物というと、やはり水屋でしょう。大地主になると、立派な水屋をもっていました。この写真（３）では、水屋に避難するための屋根付きの橋が写っています。この橋を「どんど橋」といいます。渡る時にドンドと音がするから、そう呼ばれたという説があります。この家は酒造業も営んでいた大地主です。右手に見える石垣の上の水屋が明治29（１８９６）年の大洪水で一部浸水したため、左により高い石垣を組んで新しい水屋を作らせたのです。奥にいる人の身長からして、４、５ｍはある非常に高い石垣に立つ水屋です。

上げ舟と舟繋ぎの木

輪中地域特有のものに「上げ舟」がありました。文字通り軒下などに上げておく洪水時の避難用の舟です。写真（４）は居間の天井につり下げられた「上げ舟」です。撮影したのは昭和41（１９６６）年、ちょうど東京オリンピックの後で、テレビが普及し始め、この地域でもテレビを家で見始めた頃の写真です。

4. 居間の天井につり下げられた「上げ舟」

左手に見えるのが玄関で、そこを出ると「舟繫《つな》ぎの木」が立っていました。上げ舟のある家は、たいてい玄関を出た左手、便所の前あたりに柿の木がありました。「堤が切れそうだ」ということになると、舟を下ろしてその木につないでおくのです。

水が増して床上浸水が近づくと家の者は2階へ避難する。水がもっと入ってきて2階の床近くになると、外へ脱出です。昔は煮炊きに竈《かまど》を使っていましたから煙出しがあり、そこから外に出て屋根に出る。すると先につないでいた舟が、ちょうど1階の庇の先に上がっている。屋根から舟に乗り移って、輪中で一番高い場所、堤の上に避難するのです。

ちなみに、なぜ柿の木かというと、農家は田んぼで脱穀し、庭先にムシロを敷いて籾を天日で干す。その際に葉が落ちると作業の邪魔になりますが、柿は作業の時期より早く落葉する。水害からの避難といっても、あくまでも農作業を中心に考えているわけです。

堀田と堀潰れ

輪中の田んぼの光景というものは、昭和40（1965）年くらいまでは非常に独特なものでした。濃尾平野、とくに伊勢湾に近い輪中地域は低湿地です。耕せば水が出てきてしまう土地で、どう米を作るのか。掘り上げた土を積み重ね、そこに稲を植えたのです。この積み上げた田んぼを「堀田《ほりた》」といいます。そして掘っ

5.上空から見た堀田と堀潰れ

た部分は、先に説明したように、水が出て池のような「堀潰れ」となります。この写真（5）はセスナ機を使って、撮影したものです。上空からだと堀田と堀潰れが交互に配置され、美しい縞模様に見えます。

写真の一番上を流れるのが木曽川でその下にあるのが長良川、その手前の黒い連なりが村の家々です。堤防が一番高いところで安全ですから、堤防に寄り添って集落が発達していきます。一本の連なりのように見えるので「線上集落」と呼びます。

家からは舟を使って迷路のような水路を通り自分の田んぼに出かけていくのです（写真6）。当時は、この地域に嫁に来た人は、まず田舟の漕ぎ方を教わったそうです。今の車のように舟を日常的に使う生活だったからですね。

このような農地では稲作にも特有な作業が加わります。その一つが「どべすき」と呼ばれる、堀潰れの泥土を「鋤簾《じょれん》」という長い鋤のような農具ですくい上げる作業です。これは川が運んだ肥料成分を得るために行うものでした。輪中だからこそ得られる肥料成分だったともいえましょう。

航空写真は昭和43（1968）年に撮影したものですが、これが最後の堀田風景の写真になりました。この頃からトラクターなどの機械で耕作を行う大型農業を目指す土地改良が進み、堀田や堀潰れは埋められてしまいました。現在このような光景を見ることはできません。

6.田舟で自分の田んぼに行く

洪水の日

私が実際に経験した洪水の一つが、昭和34（1959）年8月13日、台風7号によるものでした。この台風は揖斐川上流部で連続雨量600㎜の雨を降らせ、牧田川右岸にある養老町の堤が決壊しました。その洪水水位は最高4・65mあったといわれています。

この写真（7）は、多芸《たぎ》輪中の堤の上に避難した住民が、川に呑み込まれた家々を呆然と見ている様子です。

堤の上には先に触れた「上げ舟」で、家財道具や仏壇などが運び上げられます。火が燃やされ炊き出しが行われ、握り飯などが配られます。

まだ堤が決壊する危険性がありますから、その警戒もしなければいけない。右にムシロが見えますが、水が漏れだしている堤防の所に押し込む応急用資材になります。

これは別の洪水の時の写真（8）ですが（1956年9月）、夜中じゅう堤の上で警戒していた輪中民たちが朝を迎えている様子です。今では警察や水防団などが堤防を守る仕事をしてくれますが、当時の輪中では住民たちが守るという運命共同体的な意識が強かった。だから、こうして村の者全員で堤を守っていたわけです。また昔の地主というのは、家の中にいても雨の音をずっと意識して聞いていて、このくらいの雨だったら大丈夫だとか、こんな勢いの雨だったら、あそこ

7.水没した家を呆然と見ている住民

が危ないとかよくわかっていました。

　また川の曲がるところや、水圧がかかるところ、堤の危険性の高い場所を、住民たちはよく知っていました。当然、そこを補強しようとするわけですが、そう簡単にはできない。なぜかというと輪中堤を強固にすることは、逆に対岸の堤への水流を強くさせ決壊を招く原因にもなるからです。時には村々が対立することもありました。つまり輪中堤は、洪水から村を守るとともに、村同士の間に複雑な利害関係を生み出すものでもあったのです。

私はこうして輪中を撮り始めた

　私が写真を始めたのは昭和25（1950）年、19歳の時からです。母親がキヤノンの4Sbというカメラを買ってくれました。当時は大学新卒の月給が6000円の時代ですが、ライカに似たそのカメラは5万円という値段でした。

　私は昭和6（1931）年に大垣で生まれ、三つの時に父が亡くなった。母が再婚した相手は実父の弟で理髪店をしていました。それで私も理髪師になったわけです。大学も行かず床屋の修業を始めた息子の気持ちを思って、高額なカメラを買ってくれたのでしょう。戦後は理髪店が本当に忙しい時代でした。客がひっきりなしにやってくる。もうかっていたからできたことでしょうけど……。

　それから写真を撮りだして、20歳になった頃、朝日新聞の外郭団体である写

8. 堤防の上で洪水を警戒する住民たち

真クラブをつくったのです。写真を撮影し品評し合うような団体です。

そこで知り合った人が、何かテーマをもって写真を撮りたいと考えていた私に、「輪中を撮ればいい、これからなくなっていくから、貴重な写真になるよ」とアドバイスしてくれたのです。『輪中聚落地誌』という輪中研究者のバイブルがあるのですが、その著者が、彼の高校の地理の先生だった。それで輪中のことを意識していたんですね。昭和29（１９５４）年のことです。

じつは輪中という言葉は、この頃すでに死語になろうとしていました。明治29（１８９６）年の大洪水以来、水が入ることはなく、水害に対する意識が地元住民以外は薄れていたからです。その後、伊勢湾台風（１９５９年）で大変な目に遭うわけですが……。とにかく輪中に注目する人などいなかった昭和30（１９５５）年に私は撮影を始めました。

その後、少しずつですが大垣の人たちも認めてくれるようになり、堀田の航空写真が、土地改良の実例として社会科の教科書で使われるようなこともあります。

そういえば、輪中を撮ったらいいとアドバイスしてくれた彼は「今、輪中の様子を撮っておけば、あとで大学のエラい先生が頭を下げて写真を借りにくるよ」と言っておりました。実際その通りになりました。（談）

荒川の水屋分布図

作成＝日本大学理工学部海洋建築工学科親水工学（畔柳・菅原）研究室

大都市圏の埼玉・東京を流れる荒川の下流域。

水屋・水塚

荒川・埼玉県
石黒邸

百万都市・江戸を守った荒ぶる川の氾濫原

広々とした屋敷の一角に立つ漆喰壁の水屋。右側に見える母屋より1mほど高い塚の上に立つ。水屋のそばにはがっしりと根を張るケヤキが植えられ、盛土には崩れを防ぐためにジャノヒゲが植えられている。

母屋の北西の方角に祀られているお稲荷様。真新しい紙垂（しで）の御幣が供えられ、大切にされている様子。

広々とした敷地にゆったりと立つ母屋（左）と水屋。

水屋を背景に立つ石黒仲一さん。水屋は置き屋根構法の堅固な土蔵造りだ。置き屋根とは、壁面と屋根の間に隙間を設け、通風をよくした構造のこと。高温多湿の夏に対処した配慮であろう。

こんもりと盛り上がった一角に立つ土蔵

荒川は、関東平野を流れる一級河川だ。長さ173㎞、流域内の人口約930万人で、日本の人口の約7％にあたる。この大きな数字は東京を流下しているからだ。荒川の治水事業もこの大都市との関係で語られることが多い。

荒川流域では、室町時代後期から現在までさまざまな治水事業が行われてきた。氾濫を繰り返していた「荒ぶる川」が、今日のような流れになるのは寛永6（1629）年に行われた「荒川瀬替え」からだ。この工事では下流域にある江戸を守るために、上・中流域に連続堤防を築造せず、断続的な堤防を造り、増水時には水が入ってきてたまる氾濫原を設けた。こうした理由もあり、荒川上・中流域は洪水が頻繁に起こるため、集落全体を堤防で囲む輪中が多く存在する。そして水屋もたくさん建てられてきた。

今回訪れた埼玉県比企《ひき》郡川島町も、志木市中宗岡も荒川とその支流に囲まれた輪中地域だが、木曽三川の水屋とは大きく異なる。洪水の規模の違いであろう。木曽三川のような見上げるような高さの石垣に立つ水防建築はなく、盛土は平均して1ｍくらいだった。敷地全体もかさ上げしているので、道路面からだと約2ｍの高さに立つ水屋が多い。

大熊邸

大熊邸の水屋は、敷地の最も奥まった位置に立つ。近年補修が行われたばかりの白い漆喰壁がたわわに実る果樹に映える。

中門越しに見る水屋。石垣部分はそれほど高くないが、そこからさらに土を盛り上げて建てられている。

水屋の内部。かすれて読み取れないが、柱に建造年と建造者の墨書が見られる。

遠くから見ると、平らな農地が広がっている場所に屋敷が見え、その敷地の中にこんもりと盛り上がった一角がある。そこに水屋が立っている。かたわらにお稲荷様を祀った小さな祠《ほこら》が並ぶ光景は、心和ませるものだ。緊急時のために建てられた水防建築とはとても思えない。

とはいっても、洪水の恐ろしさが忘れられているわけではなかった。住民の方と少し話し込めば、田んぼや屋敷が浸水した記憶はすぐに浮かび上がってくる。86歳になる大橋市朗さんが話してくれたのは昭和16（1941）年、川越の古谷村の堤防が切れた時の話だった。その時浸水した跡を残す水屋の壁も見せてくれた。

洪水時の水の勢いは強力で、呑み込んだ樹木をぶつけて家屋を破壊することもある。そのため水屋の壁はしっかり作る。土壁が多い。この地域で採れる粘着力のある荒木田《あらきだ》土に藁を混ぜた頑丈な壁だ。さらに防備のために敷地に防水林を植えている。この荒川流域でも母屋に対して北西にケヤキ、カシなどが植えてある。北関東特有のからっ風を防ぐとともに、水害時の水勢を緩和する防風・防水林だ。

大橋邸

収穫が終わった田んぼが広がる中に、道路面から60〜70㎝ほど高くした土地に屋敷が立ち、さらに1mほど土を盛り上げて水屋が立つ。

高いほうの水屋。大橋邸には2棟の水屋があり、これより低い水屋に米を貯蔵し、ここには味噌・醤油を貯蔵していた。万が一水に浸かっても、米は乾かして食べられるが、味噌・醤油は使い物にならなくなるため、より高い場所に保管したのである。

敷地内には、赤く塗られた小さなお稲荷様の祠も盛土して建てられていた。

水屋の基壇部分に築造年と思える「大正十四年一月」という刻字が。

生活必需品の貯蔵庫でもある水屋

大橋さんのお宅には水屋が2軒、一つはかつて200俵の俵を保管していたという米蔵、もう一つの一段高い水屋には自家製の味噌、醤油を保管していた。「味噌や醤油は水に浸かるともう食べられなくなる。だから高いほうの水屋に置いていた」と言う。

　同じように敷地に水屋をもつ石黒仲一さん（80歳）は、醤油造りの思い出を語っていた。「醤油を搾る業者がこのへんを回ってくるんです。水屋で搾り器を使って発酵させた大豆を搾り、大きな樽に醤油をためていたのを見たことがあります」

　水屋には二つの意味がある。一つは避難所、もう一つは生活必需品の貯蔵庫だ。大水になると家の者は水屋に避難する。昔は排水施設も脆弱だったので、いったん堤内に浸水すれば水はなかなか引かない。排水するのに1週間あるいは1カ月もかかる時がある。そのための米、味噌、醤油、漬物、梅干しだ。飲料水は、四斗樽《しとだる》に汲んで確保していた。そして避難時の炊事は、七輪や火鉢を運び上げ行った。

　敷地の中のこんもりと盛り上がった一角に立つ荒川の水屋は、今はのどかな風情を見せているが、かつて命と財産を守ったかけがえのないシェルターだった。

大橋邸の水屋内部。壁面には木舞に打ち付けられた泥団子の様子がそのまま残る。1階に味噌・醤油などの備蓄食料を保存し、中2階に着物類を保存した。浸水時は、家族の避難場所でもあった。

大橋市朗さん（右）と息子の功治さん。昭和5年生まれの市朗さんは、昭和16年の川越で堤防が切れた大洪水の体験者。母屋が浸水した記憶を語ってくれた。

今でも備蓄用の味噌樽などがそのまま置かれている。

細田邸

瓦葺きで土壁の水屋は、荒川流域の典型的な様式を示す。この水屋は米蔵として使い、他に味噌蔵も別に所有していた。

老朽化が進む細田邸の水屋。築造年は不明だが、荒川流域では、明治から昭和にかけて水屋が最も多く建造された。昭和22年のカスリン台風以降目立った洪水被害はなく、使われることなく歳月を重ねた。

細田正さん。細田さんが物心ついて以来、洪水の記憶はないという。

鈴木邸

鈴木邸には、漆喰の土蔵式水屋と大谷石造りの水屋がある。夕闇に沈む二つの蔵はどっしりとした風格を湛え、かつて地主をしていたというこの家の豊かな財力を物語っている。

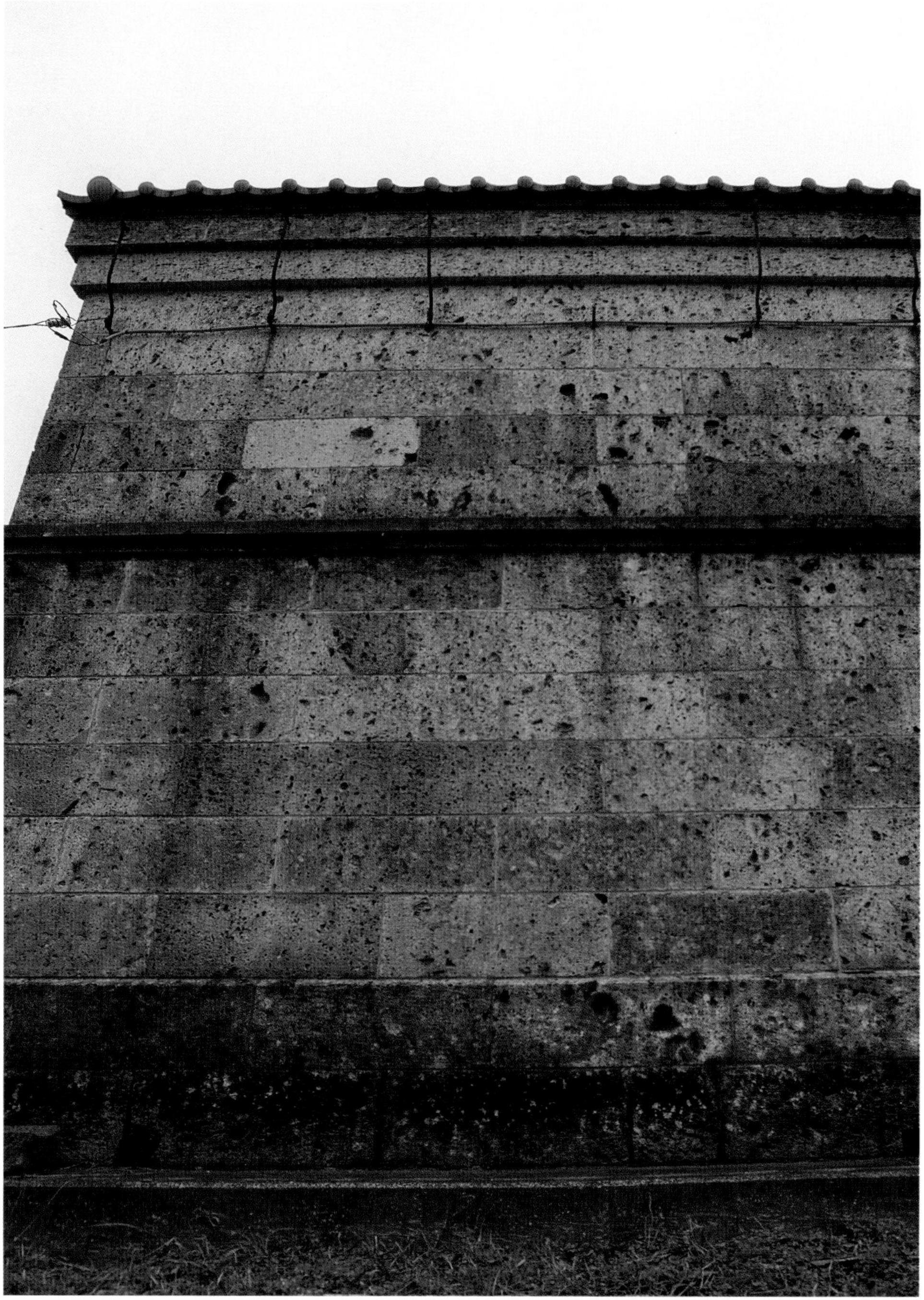

石蔵の背面。このあたりで大谷石の蔵は珍しいが、わざわざ茨城県の産地から切り出して建造したという。

石蔵の扉。引手の窪みが眼のようで、なんともおちゃめだ。

水屋・水塚

冬の突風から土壁を守る板張りの蔵

利根川・埼玉県

小林隆雄邸

屋敷の奥にそびえる水塚。母屋に比べ3mほど高く盛土し、さらに周りをしっかりと石で補強した塚の上に建てられている。

外壁は土壁の上に板を張り、さらにタールを塗っている。このあたりは冬に北西の季節風が強く、風雨で土壁が削られるのを防ぐためだ。

屋敷裏の水神様の祠には、真新しい屋根が架けられていた。

小林正夫邸

堅牢な石垣の上に、さらに基壇を石で積み上げた水塚。1階が貯蔵庫、2階が避難場所と分けられている。このような水屋を「住居倉庫式水屋」と呼ぶ。

ひっそりと母屋の陰に立つ水屋

いったいどこに水屋はあるのか？そんな思いにさせるのが利根川の水屋である。

じつは母屋の裏にひっそりと立っていた。狭い裏庭に入っていくと、そこに2～3ｍの高さの塚があり、上に小さな蔵があった。少しばかりパースペクティヴが狂う。ひどく狭い場所だからだろうか、実際の高さ

住居倉庫式水屋は、多くが1階の貯蔵庫から2階へ上がる階段が設けられている。これは2階の居住スペースへ外から直接上がる階段がつけられた珍しい例。

2階の居住スペース。窓が大きく、明るく過ごしやすい空間になっているが、最後に使われたのはいつなのだろうか。

シャイな飼い犬が心優しく迎えてくれた。

江田邸

大きな柑橘系の樹木に隠れて屋根がわずかしか見えないのが、水塚。右側に水塚に向かう急な石段が見える。

よりも高く感じる盛土の上に板張りの蔵がそびえ立っていたのだ。

　訪ねたのは利根川中流域、埼玉県加須《かぞ》市北川辺《きたかわべ》地域。このあたりでは水屋と言わない。水塚《みつか》と言う。

　利根川は、関東平野を北から東へ流れ太平洋に注ぐ日本最大級の河川。しかし、これは現在の利根川の姿だ。かつては東京湾へ流れ込んでいた。しかも乱流を極めていた。これを治めたのが江戸幕府。とはいっても木曽三川や荒川と同じく、ある程度の川の氾濫を許す治水のやり方だ。

裏から見た水塚。出入り口につく深い庇が、利根川流域の水塚に多く見られた。

水塚の前に立つ江田勉さん。かつて消防署員で、現在は防災リーダーを務める。

山崎邸

山崎邸の水塚は、昭和22年のカスリン台風直後に建てられたという。母屋の地面から2段階にかさ上げして建てられているのは、洪水の体験による工夫だろう。

山崎基一さん。「昭和22年の9月15日深夜、カスリン台風の襲来で大洪水に遭い、水が引くのに20日を要した」と日時まで正確に被災体験を語ってくれた。

平井邸

常緑樹に囲まれてひっそりと佇む家屋はまるで別荘か隠居宅の風情だが、これも立派な水塚。それを示すのが、水塚に向かう石段の高さだ。左側にはスロープもつけられており、大きな荷物を運ぶための便宜を図ったのだろう。

加須市北川辺地域は利根川と渡良《わたら》瀬《せ》川《がわ》、それに合《あい》の川の各堤防に囲まれた輪中地帯だ。「北川辺洪水史年表」によれば、天明6（1786）年から昭和22（1947）年のカスリン台風まで、計35回の水害記録が残っている。4、5年に一度は川が溢れたことになる。まさに洪水常襲地帯。

北川辺地域では、昭和30年代には約250軒の水塚があった。4軒に1軒がもっていたことになる。そして平成19（2007）年の調査では98軒が確認されている。

自分の田畑から土を運んだ盛土は、敷地全体が1m以上かさ上げされているので、高さは田畑から3～5mになる。実際に立って見ると、かなり高い。景色がよく見渡せる。建屋の規模は2×3間（6坪、約20㎡）の2階建てのものが多い。屋根は切妻屋根、瓦やトタンなどで葺《ふ》かれている。

建物の全体的な構造は荒川流域と変わらないが、大きく違うのは外壁の仕上げだ。荒川は土壁に漆喰がほとんどだったが、利根川流域の水塚は、土壁の上に高さ2mくらいの腰板を張ったり、全体を板で覆ったりしているのが特徴だ。この地域は「赤城《あかぎ》おろし」が強く吹き、雨が加わると土壁は崩れやすくなる。そのために補強材として板張りにしたのだという。

鴨居の上は土壁を残しているが、他は杉板で外壁をめぐらせている。

1階の内部は収蔵庫。補強したトタン板が、さまざまな錆び色を浮き立たせている。

関東平野のからっ風にさらされてむき出しになった土壁の木舞。

「今度もし洪水が来たら、この程度の高さの水塚では助からないだろう」と話す平井晴男さん。

カスリン台風の記憶と生き延びる秘策

現在残っている水塚は、昭和23（1948）年以降に建てられたものが多い。その1年前の9月のカスリン台風でこの地域は洪水による大被害に遭った。多くの家屋が流され9人の死者を出している。水の恐ろしさを味わい尽くした人々が作った建造物なのだ。

実際にカスリン台風を20歳で経験した山﨑基一さんは、こう語ってくれた。

「洪水の夜、父母と妹と一緒にリヤカーに米俵と釜、それに仏壇を積み、農作業に欠かせない馬を引いて利根川の土手を目指しました。水がなかなか引かなくてね。数日、土手の草地で寝るような生活でした。家に泥棒が入っていると言われ、舟で戻りました。洪水の後はひどい状態で……水に浸かった麦はなんとか干して食べました……臭かったけれども」

もう一人は平井晴男さん。9歳の時の経験である。

「夜、東武日光線の新古賀駅あたりが決壊した。『切れたぞ！切れたぞ！』という声が聞こえてくる。伝令ですよ。すると水が少しずつ流れてきた。そのうち鶏や山羊も流されてきて、それで水塚に逃げた。家族10人全員で。……2週間水が引かな

小林義之邸

重厚な造りの土蔵が、木立に隠れて屋敷の奥に立つ。母屋と地面の高さは同じだが、敷地全体が盛土されて高くなっている。

かったから、水塚で暮らしていました」

　今もその水塚はある。中を見せていただいたが物置として使われていた。

「カスリン台風の経験があるから、20年くらい前までは非常食に水、布団なんかを運び込んでいたんだ。だけど、冷静に考えると、今度洪水が起きたら、この程度の高さの水塚じゃ助からないんじゃないかと思えてきてしまったんだよ」

　川幅は昔に比べて数倍は広くなっている。また近年建設されている

二重扉の堅牢な土蔵造り。戦時中は、根津美術館の貴重な収蔵品を預かったという由緒がある。

蔵の2階部分。整理整頓が行き届いた現役の収納庫であり、隠れ家にしたいくらい居心地がよさそうだ。

小倉邸

広大な敷地に砦のように高くそびえる水塚。一家族が普通に暮らせるほどの広さをもつが、使用されている形跡は見られない。

出入り口に置かれた沓脱石（くつぬぎいし）は石臼をばらしたもの。かつて石臼は、農家には必ずといっていいほどあり、蕎麦や小麦、大豆、米などをひくのに欠かせない道具だった。

スーパー堤防も巨大なものだ。その川が溢れ、堤防が決壊したら「今度はかなりの犠牲者が出る大洪水になる」というのが平井さんの予想なのだ。

「しかし」と続ける。「水塚を残しているような家には、洪水の経験を忘れていない老人がいるんですよ。そういう人は、洪水が起きたらどうするかと、常に考えています。私も、なんとか生き延びるための秘策をもっています」と言って笑った。

段蔵

淀川・大阪府

段蔵を北西の角から眺める。最も高い蔵の基盤は地面から2・5m。手前に立つ男性の姿から、その威容のほどが知れる。

貴重品ほど高い蔵へ　段々に高くなる連続蔵

淀川中流域、大阪府高槻《たかつき》市の唐崎《からさき》という土地を訪ねた。琵琶湖を水源とする淀川は、滋賀県では瀬田川《せたがわ》、京都では宇治川《うじがわ》と呼ばれ、桂川《かつらがわ》、木《き》津川《づがわ》と合流してから淀川の名となり大阪湾に注ぐ。

淀川は、水運などによって大都市大阪の繁栄を支えた川だったが、昔から流域にひどい水害をもたらす川でもあった。対応策として大規模な治水事業が明治から昭和の間に数度行われたが、水害を完全に防ぐことは難しかった。近年、最も被害が大きかったのが1953年9月の台風によるものだった。2860haの田畑を水没させ、家屋も数百戸被災した。

富をアピールした階段状の蔵

この洪水常襲地帯で生み出された独特な建築物、それが段蔵《だんぐら》だ。その名の通り、階段状に高くなっていく蔵が連なる水防建築である。淀川流域以外ではほとんど見ることができない。

唐崎にある松村邸の段蔵は、地面から1・56m、次に1・9m、2・07m、そして2・5mと、土蔵の基盤の高さが順次高くなっている。

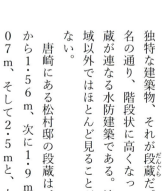

北側から見ると、階段状に高くなっている様子がよくわかる。蔵の基盤の高さは3段階だが、屋根は5段構成となっている。

興味深いのは、段蔵では納める物の重要度、利用頻度を考えて、どの高さの蔵に何を置くのかが決められていたことだ。松村邸の場合、米の貯蔵には、持ち運びに苦労しない低い基盤に立つ蔵が選ばれている。その隣の蔵には食器類。松村家は大地主の豪農なので、冠婚葬祭用に50人分もの食器類が用意されていたという。そして、一番高い衣装蔵に、最も貴重な着物が桐の箪笥や長持ちに入れて収納されていた（図参照）。

しかし、なぜ蔵を階段状に並べたのだろうか。松村家の隣に住む親戚の松村嘉三さん（82歳）は、こう語る。

「格好をつけるために作ったとも考えられます。段状に高さの違う蔵を並べてみて『蔵、ようけありまんがな』と格好をつける。だから段蔵には、二つに見えて中は一つという蔵もよくあるそうです」

確かに中身の違う蔵を階段状に並べるということは、「富を見せる」ということにつながる。商業都市・大阪の繁栄を支えた川は、近郊の農村にも貨幣経済をもたらしていた。そこで蓄えられた富をアピールするためにデザイン化された水屋、それが段蔵だったのだろう。

敷地内から段蔵（右）を見る。左は母屋。江戸時代、天下の台所・大坂を背景にした豪農の暮らしぶりを彷彿させる。

蔵ごとに異なる錠前は、いずれも骨董的価値がある和錠。大きな鍵を差し込んでバネをはずす仕組みになっている。

漆喰塗りの土蔵の窓には、銅板葺きの扉。浮き出た緑青（ろくしょう）が貫禄を見せる。

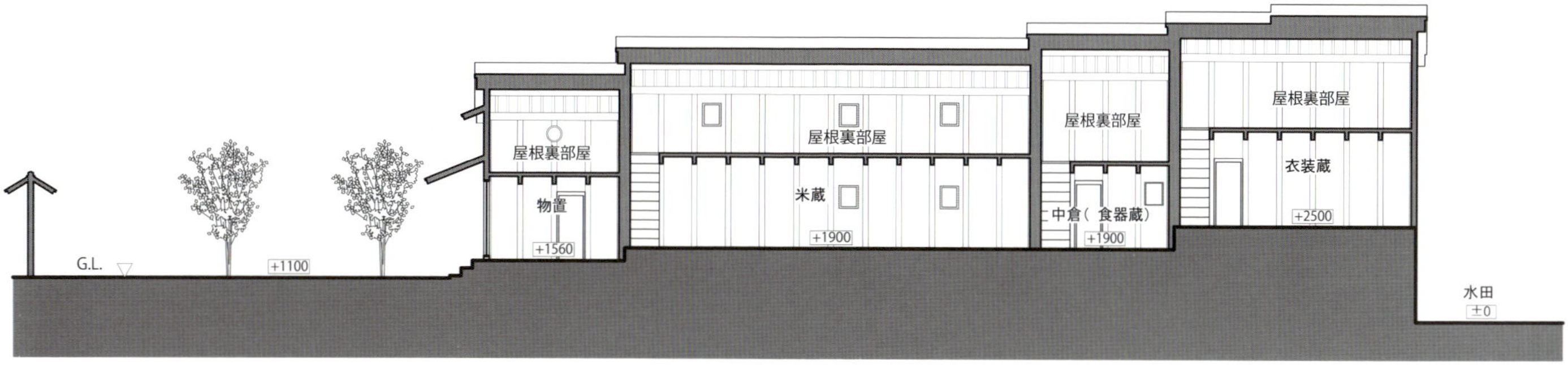

段蔵断面図。
作成＝日本大学理工学部海洋建築工学科親水工学（畔柳・菅原）研究室

見事な梁を使った米蔵の屋根裏部屋。1階には避難用の上げ舟が今もきちんと保管されている。

雨樋（あまどい）も高級品の銅製。凝った意匠の集水器が目を引く。

城構えの家

吉野川・徳島県

暴れ者の四国三郎に対峙する城のように立派な石垣

日本三大暴れ川の一つである吉野川は、坂東太郎（利根川）、筑紫次郎（筑後川）に次いで四国三郎の異名をもつ。洪水対策として江戸時代から沿岸に水防竹林が整備された。今も延々と続く美しい竹林を見ることができる。写真は、中流域にある川島町の高台から望む吉野川。

なぜ徳島藩は築堤に積極的でなかったか？

人は命を脅かす危険に遭遇した時、本人も信じられないような力を発するというが、水という脅威に真剣に立ち向かうと、人はこんなにも力強い建築物を造ってしまうのか。洪水に抗するため、城のような石垣を造ってしまった家を見た時の感想である。徳島県吉野川流域に「城構えの家」と呼ばれる家々があった。

吉野川は、四国西部に位置する高知県の瓶ヶ森《かめがもり》に源を発し、四国中央部を走る四国山地を横断、東に流れを変え、徳島平野を貫き紀伊水道に注ぐ、日本でも有数の大河川である。

吉野川は頻繁に洪水を起こしてきた。江戸時代から明治までの水害記録によると、１７７２年から１８９９年までの１２７年間に18回、つまり7年に1回大きな水害を発生させている。最大の原因は、連続堤防が造られなかったことによる。財政が豊かだった徳島藩が、築堤に積極的でなかった一番の理由は、その財政を支えていた藍《あい》にあった。濃い青色の染料の原料となる植物だ。

吉野川の中流域での稲作は、秋の出水で一夜にしてその成果を奪われ

増水時に橋桁が水面下に潜る「潜水橋」。沈下橋ともいう。洪水の時に水の抵抗を少なくするため欄干はなく、路面の幅も狭い。水の流れに逆らわないという発想の潜水橋は、今も四国各地に残されている。

るという危険性を伴っていた。対して藍は、秋の洪水の前に収穫できるものだった。そこで16世紀の天正年間、阿波の大名になった蜂須賀家政《はちすかいえまさ》は、稲作よりも安全で収益の高い藍作の奨励を行った。以来、阿波を中心に藍が作られてきたのだが、耕作の基本は洪水を利用するという「自然客土《きゃくど》」にあった。森林で蓄えられた栄養分は洪水で土砂とともに大量に流され、沿岸の氾濫原に肥沃な土壌をもたらした。洪水によるメリットを利用したのが「自然客土」であり、徳島藩はあえて無堤政策をとっていたともいえる。また、藍作りに欠かせない発酵の工程では大量の水を使うため、洪水のリスクはあるが吉野川流域の低湿地帯は最適の場所だった。洪水からの完全防御を目指す近代の治水事業とはまったく違った考え方が、かつての日本にはあり、その一つの例がここ吉野川だといえるだろう。

藍が生み出す富を背景とした家

藍作は事業として成功し、江戸期から明治にかけて、この土地に莫大な富をもたらす。その経済力を背景に造られたのが「城構えの家」だ。敷地の周りを城のような石垣で囲い、敷地全体をかさ上げして洪水から屋敷を守るという水防建築である。

その代表が、名西《みょうざい》郡の石井町にある国指定重要文化財田中家住宅。敷

国指定重要文化財
田中家住宅

広大な敷地に石垣をめぐらせた田中家住宅。江戸時代から明治期にかけて造られた大規模な藍商農家の屋敷構えをもち、昭和51年に国の重要文化財に指定された。

吉野川が背後に流れる北側から見る。洪水に備えて北側の石垣を高くしてある。建物は、かつて藍玉を保管した「寝床」と呼ばれる土蔵。温度・湿度管理のため開口部が小さくなっている。

地は南北に約５０ｍ、東西に４０ｍ。全部で11棟ある建物が、四国山地から採れる青石と、鳴門産の砂岩で組まれた石垣の上に立つ。吉野川は家の北方向にあるので、北側の石垣が高い。北西の角は２・６ｍの高さがあり、舟の舳先《へさき》のようなラインを描く。川から勢いよく流れてきた水をこの舳先で東と西に分け、減勢する。

田中家は、先述した阿波藩主の蜂須賀家政が播磨《はりま》の国（姫路）から呼び寄せた藍製造の指導者の一人を初代当主とし、約４００年続いてきた藍商の家だ。

「石垣だけでなく、家も水防の仕掛けが組み込まれ建設されています。１５０年前に建てられた母屋の葦葺《あしぶ》き屋根は、水が瓦屋根の上まで達すると浮き上がるようになっていて、避難する人を運ぶ一種の救命ボートになります」

教えてくださったのは、当家の十七代目、田中誠さんだ。

吉野川市の川島町にある重本家も、やはりかつては藍商だった。この家の石垣は色彩が印象的だ。青石と呼ばれる緑泥片岩《りょくでいへんがん》は、緑色にさまざまなバリエーションがあり、その色彩がランダムに並べられた様がとても美しい。

石の組み方は、水が隙間から入ってこないようにぴったりと横目地を

南側に面した土蔵と藍納屋。石垣には四国山地から採れる青石が使われ、屋根は丸瓦と平瓦を交互に配した本瓦葺き。

一直線に組む整層積みを基本にしている。細部を見ていくと、石がずれないように凹凸をカギ形に組み合わせているところがある。石工の緻密な仕事ぶりが窺えた。

当家八代目の重本彌三郎さんはこう語る。

「明治末、ドイツの化学染料が入ってきて、藍は産業として廃れました。しかし、藍商の最盛期の勢いは、こうした石垣の細部などに残っているんですね」

吉野川の水を利用した藍作で蓄えられた富の一部は家屋として残った。その一つが城構えの家だった。

石垣の青石と、風雨にさらされた板張りの壁。素材のもつ美しさが風情を醸す。

石垣は、水圧の強い北西の角が最も高く、水の流れを左右に分ける船の舳先の役を果たす。石は鳴門産の「撫養（むや）石」と呼ばれる砂岩。

母屋の葦葺き屋根は水が瓦屋根の上まで達すると浮き上がるようになっており、避難する人を運ぶ救命ボートの役割をする。

十七代目当主の田中誠さん。勤めの関係で長く県外に出ていたが、20年前に帰郷。以来、この広大な屋敷を守り続けている。

藍納屋の軒下に吊るされた平型舟。避難する際や人命救助、孤立した家への食料配布などに利用された。

藍を発酵させる「寝床」の内部は間仕切りがなく、太い柱と梁が支える一室空間。これも温度・湿度管理のための工夫だろう。現在は、藍作りの作業道具などが展示されている。

重本邸

吉野川の氾濫水が押し寄せる西側の部分は、石垣が高く積まれている。

石垣の築造時期が異なるのだろうか。右下の部分は、不規則な形の石をそのまま使った乱層積みとなっている。

組んだ石がずれないように細工されたカギ形の凹凸。手作業によるていねいなハツリ仕上げといい、石工の熟練の技が光る。

水抜き穴の痕跡なのか。ちょっとした隙間を狙って雑草は生き延びる。

光の加減によって、青石のもつ独特の色彩と質感が、さまざまな表情を見せる。

石垣のところどころに設けられた水抜き穴。鳥の水飲み場のような細工が心憎い。

重本邸の石垣。青石と呼ばれる阿波産の緑泥片岩を使用。水が入ってこないように、横目地を水平に揃えた整層積み（布積みともいう）で組んでいる。

重本邸も典型的な藍商の屋敷構えだ。母屋の南側の庭は、藍の刻みや天日乾燥を行う作業場だった。藍作りは藍の栽培・収穫に始まり、刻み・乾燥・発酵を経て、蒅（すくも）や藍玉などの製品を作るまで、多大な労力を要した。

藍を発酵させる「寝床」の前庭部分にはオブタ（大庇）をつけ、広い軒下を雨天時でも利用できる作業場としていた。

定年退職後、趣味の果樹栽培に精を出す八代目当主の重本彌三郎さん（右）と、横浜からUターンした妹さん。

大塚邸

徳島県美馬市舞中島にある大塚邸。敷地全体に盛土して石垣を築き、竹を植えて洪水に備える。竹は地下茎が絡み合って繁茂するため地盤を強くし、水の浸蝕から敷地を守り、また水の勢いをそぐ役割をする。

石垣をいちだんと高くした土蔵には、米などを貯蔵していたという。土壁を保護するトタン板に浮き出た錆びが、意図せぬ美をつくり出している。

高地蔵の前に立つ大塚さんご夫妻。吉野川流域には、「高地蔵」と呼ばれる台座の高いお地蔵さんが点在する。その高さから過去の洪水時の水位がわかり、住民に危険を周知させる役も担ってきた。

中野邸

吉野川下流に位置する北島町は、旧吉野川と今切川に囲まれているため、昔からたびたび水害に見舞われた。江戸時代から地主を務めてきた中野家の屋敷も、城構えの趣ある姿を維持している。

裏庭に立つ土蔵。板やトタンで補修されつつも、自然のままにゆったりした時を刻んできた風格がにじむ。

八代目当主の中野甫さん。大学で陸上の長距離を専攻し、70歳を越した今も後進を指導しつつフルマラソンに参加。アスリートとしての人生を謳歌している。

石囲いの家

吉野川・徳島県

南側の石囲い越しに母屋を見る。1954（昭和29）年9月14日の台風12号（ジューン台風）来襲時には、この石囲いの上に登っ

全長100mの石垣が家と田畑を守る

『吉野川』（毎日新聞社編1960）という本には、「吉野川ほど治水対策が遅れていたのはめずらしい、よく農民が耐えたものだと思う」という当時の徳島県土木部長の言葉が出てくる。「城構えの家」の項でも触れたが、藍作があったがゆえの治水の遅れは、そこで暮らす人々に大きな犠牲を強いた。そのため吉野川中流域の住民は自衛策を考えた。その一つが石巻堤《いしまきてい》で家を囲うという方法だ。

徳島県美馬《みま》市脇町《わきまち》にある高部邸には、立派な石囲いが今も残る。のどかな田園風景に石垣が延々と、じつに延々と続いている光景は、今まで見たことがないものだった。高さ約1・8m、総延長100m。川からの水をブロックするため南側と西側に築かれている。60年前、この家に嫁いできた高部房子さんが語る。

「江戸時代半ば頃にできたと家の者に聞きました。土台がしっかりしているから崩れているところはありませんが、目地の隙間に雑草が生えてくるんです。私も年をとって足腰が痛くなり、草抜きをするのが大変なので最近セメントを詰めてもらいました」

自分の家の石垣が100m……そうしてしまうこともうなずけた。

田んぼの中に石囲いが延々と続く。江戸時代半ば、藩内指折りの豪農・薬商として知られた高部家の財が窺われる。

母屋（左）と田畑を囲む石巻堤（いしまきてい）。石巻堤とは、土で築いた堤防の表面を石で補強したもの。石の隙間に雑草が生えるため、近年コンクリートを詰めたという。

屋敷地内にある水神様の祠。立派な屋根が架けられている。

「洪水の時、流木が母屋を直撃しないよう、こうやって押し流すんです」。火消しが持つような長柄の鳶口（とびぐち）を使って実演してくださった高部房子さん。

畳堤

揖保川・兵庫県

畳堤の水防訓練。畳がズラリと並ぶ様子は圧巻だ。畳堤は現在、宮崎県の五ヶ瀬川（大正末〜昭和初期施工）、岐阜県の長良川（昭和15年完成）、そしてこの揖保川の、わずか3カ所にしか残っていない。写真提供＝国土交通省近畿地方整備局姫路河川国道事務所

住民が畳を持ち寄り欄干に挟んで洪水を防ぐ

兵庫県たつの市を流れる揖保川《いぼがわ》は、その豊かな水で醤油やそうめんなどの地場産業を発展させてきた。しかし一方で、度重なる水害も引き起こしてきた。最近では２００９年８月の台風９号による洪水で、浸水被害を受けている。

その揖保川沿いの道路に、橋の欄干のように見えるコンクリートフレームが並ぶ。「畳堤《たたみてい》」だ。洪水になりそうな非常時に、畳を差し込んで水を防ぐ特殊な堤防である。どうして畳堤ができたのか。国土交通省近畿地方整備局姫路河川国道事務所の中島みゆきさんが話をしてくれた。

「戦後、堤防の計画が浮上した時に、川から住宅までの距離が短く、土手が造れないことがわかったのです。代わりにコンクリート壁を設置することになりましたが、住民たちが『壁では川の景観が楽しめない』と反対。そこで選ばれたのが、畳堤でした」

岐阜県・長良川にすでにあった畳堤を手本に、１９４７（昭和22）年に建設。現在たつの市では３カ所の川辺に畳堤が設置されている（総延長約３１３３・４ｍ）。

畳堤の最大の長所は、畳はどこの家庭にもあるので、すぐに住民が持ち寄

れること。建設当初はそう考えていた。しかし現在、多くの家で畳が団地サイズとなり、住民による手配が困難になってしまった。そのため、たつの市では約１３００枚の本間サイズの畳を水防倉庫に保管しているという。

畳はかなり重いが、土嚢を積むよりははるかに手軽だ。

コンクリートフレームの枠に畳を差し込むと、非常時の堤防ができあがる。

畳は水分を含むと膨張するので、枠からはずれる心配もない。

畳堤の実演をしてくださった姫路河川国道事務所の皆さん。

助命壇

木曽三川・岐阜県

集落の誰もが利用できる互助精神の避難所

広大な敷地の一角に建てられた助命壇。江戸初期に新田開発した地域の大地主だった佐野家が、頻発する洪水から小作人を守るために作った。最初の築造は、延宝2（1674）年とも文化2（1805）年ともいわれる。

江戸時代、水屋・水塚をもてない人のために、集落が共同で土を高く盛り上げた避難場所を作ることがあった。その場所を「助命壇」あるいは「命塚」という。かつては輪中地域によく見られたが、現在ほとんど消滅している。木曽三川で唯一残っている助命壇があるというので、ここに避難した経験をもつ村上碩也《せきや》さんの案内で訪ねた。海津市にある「本阿弥《ほんなみ》新田《しんでん》助命壇」（海津市有形民俗文化財）である。

「この助命壇が避難場所として使われたのは伊勢湾台風の時（1959年）が最後でした。40～50人の人がここに避難した。私も家族と逃げ込みました。よく覚えているのは運び込まれた6基の仏壇が並んでいる光景です」

その建物には今も仏像が祀られていた。木曽川下流域は真宗門徒が多い土地柄である。避難場所として使われなくなった今は、自治会で仏事を執り行い住民同士の絆の継続を図っている。

中央に仏像が祀られている建物内部。

舟形屋敷

大井川・静岡県

敷地を舟形にして水の勢いをやわらげる

静岡県焼津市大井川町にある青野邸と、その屋敷図（下）。写真正面が舟の舳先部分にあたる植栽エリア。こんもりとした水防林が水の勢いをそぎ、敷地内の家屋を守る。P73〜76写真・図版提供＝日本大学理工学部海洋建築工学科親水工学（畔柳・菅原）研究室

江戸時代、橋を架けることが禁じられていた大井川。家康の江戸防衛策と伝えられるが、実際のところは、当時の技術で大井川に架橋するのは難しかったという指摘もある。というのも、南アルプスから流れ下る大井川は全国屈指の急流。上流から大量の土砂を運ぶために下流の川床が上がり、激しい洪水を頻繁に引き起こしてきたからだ。橋を架けても、おそらく洪水のたびに流されてしまったにちがいない。

こうした経験から、住民は自衛策として「舟形屋敷」と呼ばれる独特な屋敷構えを造り上げた。洪水が襲ってくる方向に舟形の敷地の舳先《へさき》を向け、水の流れをやわらげた。水圧が最も強い舳先部分には盛土や石垣を築き、崩壊を防ぐために竹や常緑樹を植えた。敷地の形状にはさまざまな変形バージョンがあるが、共通するのは水の流れにあえて逆らわないという姿勢だ。近代以前には、こうした「民間の知恵」が防災の有効な手段としてきちんと伝承されていた。

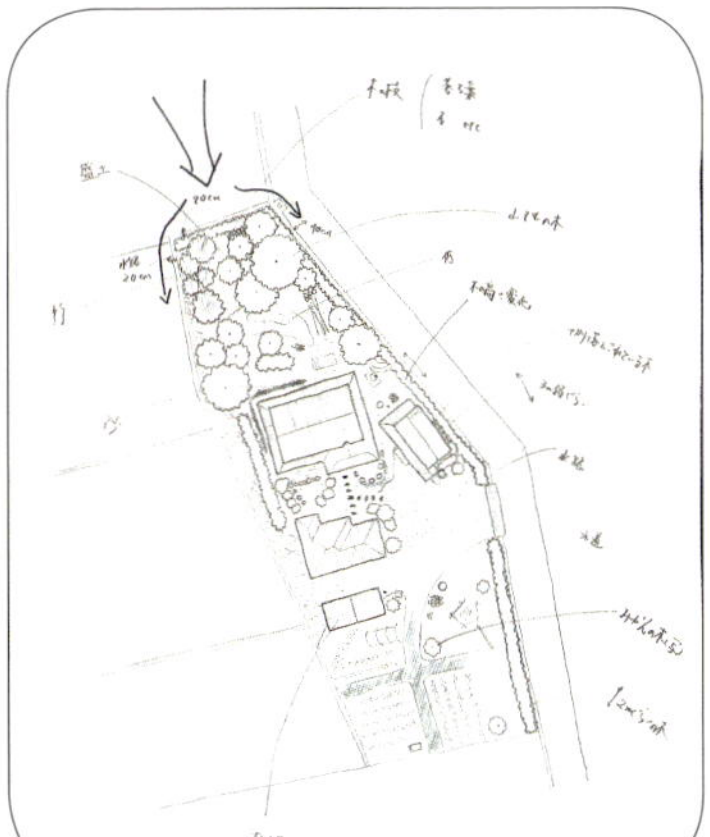

サブタ

大野川・大分県

道路に板を差し込んで水の流れを堰き止める

輪中の中にある高田地区。川石を積み上げて高い石垣を作り、その上を屋敷地とした。

道路脇の石垣に刻まれた溝。ここにサブタと呼ばれる板を差し込んで、洪水が集落に流れ込むのを防いだ。溝は高さ1mほどあったらしいが、道路舗装で埋められて、今はわずかにその痕跡が残る。

「サブタ」とは、道路の両側の石垣に溝を彫り、そこに厚板を差し込んで、洪水が集落に流れ込むのを防ぐ仕掛けのこと。語源は、「差蓋《さしぶた》」「栈蓋《さんぶた》」「三《さん》分板《ぶいた》」の訛《なま》ったものとする諸説があり、地方によっても呼び名は異なっている。

サブタの遺構が残るのは、大野川の下流域にある大分市高田地区。大野川は大分、熊本、宮崎の3県にまたがる祖母《そぼ》連山から流れ出て、別府湾に注ぐ。その河口部、なかでも大野川と分流の乙津川《おとづがわ》に囲まれた高田地区は古くからの洪水常襲地帯で、先人たちはさまざまな工夫を生み出してきた。

まず集落全体を輪中の中に設け、高い石垣を築いてその上に屋敷を建てた。家の周りは「クネ」と呼ばれる防水林で囲み、洪水の勢いを弱めると同時に家屋の流失を防ぎ、いざという時には木に登って命を守った。そして集落の要所要所にサブタをはめ込み、洪水の侵入を防ぐとともに、周辺の田畑に泥水を流して肥沃な土を確保したのである。石垣の街並みが、こうした知恵の数々を今に伝えている。

助磊

江の川・広島県

助命壇の一種である「助磊」。高さ約2ｍ、広さ約4ｍ四方。石垣の南西面は崩れて補修されたが、北東面は当時のままだという。三次市指定史跡。

石垣の上の1本の柿の木

「降り続く大雨に川が氾濫してみるみる家の床下まで浸水してきました。『おーい、母さん、牛と子どもを連れて早う助磊《たすけごうろ》に行けぇー』。お母さんは牛小屋の閂《かんぬき》をはずし、牛を追って子どもを連れ、助磊に急ぎ、柿の木に牛をくくりつけるのでした。『父ちゃんも早う来てー』。すでに助磊には年寄りや子どもたちが避難してきています」

こんな昔話を残しているのが、広島県三次《みよし》市三和《みわ》町敷名《しきな》二区、聖地和南原《せいちわなんばら》にある「助磊」だ。『敷名史』（1820）にも「この木に身を縛り付けて難を逃れた」という記述があるほど古くに建造されている。「ここの石垣は増水するにつれ浮かび上がって水没しない」という奇石伝説まで語られる。いかに洪水が恐ろしく、その時どんなに「助磊」がありがたかったか。命拾いをした痛切な人の思いがこんな話を伝えたにちがいない。

高く盛土された石垣の上に柿の木が1本。ただそれだけの何の変哲もない光景だが、そこには先人が紡いできた命の物語が秘められている。

一文上がり

斐伊川・島根県

お金がたまるたびに家の敷地を一段ずつ上げる

木次町に残る「一文上がり」の一軒、福間邸。石造りの基壇が、6段重ねられている。明治初期の建造とされるが、詳細はわかっていない。

貯蓄ができるたびに、家の敷地を一段ずつ上げていった。こんな言い伝えが残るのが、島根県雲南市木次町《きすきちょう》にある「一文上がり」と呼ばれる住宅だ。

木次町を流れる斐伊川《ひいかわ》はヤマタノオロチの伝説にちなむ川で、中国山地を水源として出雲平野を流れ、宍道湖を経て日本海へと注ぐ。この斐伊川上流域では、古代から砂鉄を精錬して鉄を作る「たたら製鉄」が盛んに行われてきた。江戸中期に砂鉄を比重で分離する「鉄穴《かんな》流し」が始まり、全国の鉄生産の8割を占めるようになると、川に流した大量の土砂が下流域に堆積。斐伊川は全国有数の天井川となり、木次町は度重なる大水害に見舞われるようになった。水害に備えて家の敷地を少しでも高くしたい。そんな願いを体現したのが「一文上がり」である。

今は町内にわずか2軒を残すのみ。経費がかかるので豪商に限られたという。しかし、どのように基壇を一段ずつかさ上げしていったのか。残念なことに、その詳細な記録は残されていない。

水屋が語る「生きる知恵」

川辺に住む覚悟

畔柳昭雄

畔柳研究室の学生たちが制作した大井川流域の舟形屋敷の模型。

今日、洪水や浸水被害が頻発するようになった。記憶に新しいところでは２０１１年の熊野川氾濫、２０１２年の九州北部豪雨、２０１３年京都の由良川や桂川での氾濫、そして、２０１５年には鬼怒川決壊など、甚大な洪水被害が毎年のように起きており無関心ではいられない状況になっている。

一方、十数年前にたまたま見たテレビのニュース番組がフランス・セーヌ川の洪水被害を伝えていて、その映像に見入ったことを思い出す。住民や消防士が懸命に土嚢を積んで濁流を防いでいる姿、ボートで救出され避難する住民の姿、押し流される車の様子などを伝える傍ら、リポーターのインタビューに答える水没した家の家主の姿とその話し方に耳目を奪われたのだ。リポーターが「こうした川のそばに住んでいると、大雨のたびに上流からの溢れた水で洪水が起こり、大変ですね」「家の中まで水に浸かっていますが、大丈夫ですか」などと質問を浴びせていた。それに対し、家主は「2、3日前あたりから川の様子が変わり、上流から水かさが増してきていることがわかっていたので、1階の荷物や家財をすべて2階に上げていたから被害はないですよ」「川のそばに住んでいる以上、こうした洪水の起きることは元々わかっていたし」と冷静に答えている。さらにリポーターは「わかっていながらどうして川のそばに住んだりするんですか」。すると家主は「川のそばは暑い夏場でも気温が町中よりも2〜3度は低いし、涼しい風も吹いてくる。しのぎやすくて生活しやすいですよ。水辺の風景もきれいだしね。時々起きる洪水は、しようがないことです。荷物や家財さえ濡れなければいい」「それよりも、1日も早く水が引いてくれることを願っています」。浸水被害を受けながらも、こともなげに平然と答える家主の話し方と姿に感心した。

数日後、今度は日本の利根川沿いの農家の暮らしを取り上げるテレビ番組を偶然見た。そこではかつて利根川の氾濫時に備えて、各家が上げ舟や水屋と呼ばれる対策を施し、いざという時のために食料も備蓄していた様子を伝えていて、その画面に感慨深く見入った。

この二つの番組を通して、国や場所の違いはあっても川辺に住むうえでの水に対する心構え、覚悟は相通じるものがあることを知った。水の豊かな場所では時として危機負担を伴う。それを負担と捉えず、自然の摂理、あるいは住むうえでのわずかな制約条件と捉える。むしろ、川辺に住む利点や効果に目を向けることで制約条件は許容範囲として受け入れ、時に起きる水害に対しては「生きるうえでの知恵」を生かし、地域になじんだ生活を営む姿がそこには見られた。

先人たちの創意

わが国は急峻狭隘な地理地形的条件により、ひとたび大雨が降ると洪水や冠水などの水害が常習的に起こる河川流域が各地に存在した。こうした流域では、水が長期に滞留する湛水型浸水や堤防内の排水が悪いために起こる内水氾濫、あるいは滞留はしないが流れが速く、土砂や流木などが激しく押し寄せる流水型浸水、水量が増加して破堤するような外水氾濫による水害が見られた。

近年では治水整備による堤防建設が進み、農村部の湛水型の浸水被害は減少しているが、都市部では内水氾濫が増えている。一方、流水型や外水氾濫が集中豪雨により堤防決壊を起こし、前述したように各地で洪水被害が多発するようになった。

洪水多発流域では低地部に氾濫原が形成されやすく、肥沃な土壌の土地が供給されるため、旧来、農業用地として利用されることが多い。甚大な被害を受けやすい洪水常襲地帯では、水害の危険にさらされる一方で、豊かな耕作地が形成されるため農業が盛んであるが、そこには脅威と豊穣が表裏一体の関係にあった。

そのため、水害による被害を軽減しながら生活を営むための創意工夫として「減勢治水」という考え方を生み出した。加えて、洪水常襲地帯と呼ばれてきた河川流域では共通した場所性と地域性が、「河川伝統技術」を生み出してきた。これは「柔よく剛を制す」のように、水の勢いを力で抑えるのではなく、自然の力を利用して治めるというもので、近代的な治水技術とは異なり地域的な備えとして考案されてきた。

たとえば、聖牛あるいは牛類、牛枠、棚牛などと呼ばれる、組んだ木材の頭部分が牛の角に似た水制工や、堤防に開口部を設けて上流側の堤防と下流側の堤防が重なり合うようにした不連続な「霞《かすみ》堤《てい》」と呼ばれる堤防がある。これらは戦国武将の武田信玄が考案したとされ、霞堤は別名「信玄堤」とも呼ばれる。

余談となるが、京都の桂川は別名「暴れ川」とも呼ばれ、最近では2013年に氾濫している。この桂川沿いに立つ桂離宮はたびたび起きる氾濫に備え、古書院、中書院、新書院を高床式建物とすることで洪水被害からの難を逃れてきた。また、桂川に面する敷地周囲の生け垣は「桂垣」と呼ばれ、自生する竹を湾曲させて桂川に向かって穂先を編み込んだ生け垣とし、この桂垣が水勢を弱めるとともに漂流物を絡め取ることで、建物への被害を軽減している。

全国的に普及した溢れた水の集落や家屋への浸水被害を防ぐために考案された技術は、集落一帯を堤で囲む「築捨堤《つきすてづつみ》」や「輪《わ》中堤《じゅうてい》」がある。また、集落内に立つ各屋敷では敷地をかさ上げした「ごんぼ積み」と呼ばれる丸石を積んだ石垣や屋敷を守る水防林などがある。さらに、屋敷内では主屋よりもさらに高く盛土した水塚とその上に水屋と呼ばれる蔵が置かれ、浸水することなく避難生活できる場が確保された。加えて、万一の家屋の水没に備えて、建物の四隅にそれぞれ大木を植え、水かさが増した時、そこに家をつないで流出を防ぐ。あるいは、水没時に屋根に上り、その屋根を切り離して漂流し難を逃れようとする奇策もあった。

浸水被害に対する備えは、河川→輪中堤→水田→自然堤防または微高地→屋敷

→家屋とそれぞれの水防技術の限界を考慮している。そのうえで、水を防ぎ、水をかわし、水を避け、水に任せるなどの段階ごとに異なる対策技術を取り入れた。単なるモノに依存した防御ではなく、先人たちの経験や知識に基づく知恵を生かすことで「人、モノ、知恵」により減災が図られてきた。

河川伝統技術は、全国の84の河川流域で見られた。洪水や冠水などの浸水被害を軽減するために、それぞれの状況を反映した規模、機能や用途に応じた技術的な創意工夫を見ることができる。それらは身近な道具レベルでは、上げ舟、滑車を用いた上げ仏壇、畳・布団を載せるウマ（台座）や柱組材がある。建築レベルでは、水屋・水塚、家囲い堤、舟形屋敷、水山、水倉、川小屋・上り屋、川座敷・離れ座敷、段蔵、乾《いぬい》張り屋敷、石積自衛堤など多数ある。地区レベルでは、畳堤、村囲い堤、サブタ、命塚、助命壇、水除け場、助磊《たすけごうろ》などの止水策や安全な場の確保の工夫がある。町レベルでは、輪中や曲輪、囲堤などがある。こうした伝統技術は呼び名や呼称がさまざまあり、各地域の状況を反映した特異性もあるが、技術や工法の類似性や共通性も見ることができる。

水害への段階的な対応

一級、二級河川で起きる洪水や冠水による浸水は時間を要して被害を拡大させる。そのため、水害常襲地帯の家々を見ると、この時間的変化に沿った浸水状況を長年の経験に基づき知恵として反映させ、効果的な家づくりが行われてきた。

たとえば、主屋などを含む家や建物とそれらが立つ敷地全体を屋敷と呼ぶが、水害常襲地帯ではこの屋敷は道路面を基準とすると、盛土によりかさ上げしている場合が多い。場所によっては庭に傾斜をつけることで浸水後の水捌けに配慮した造りもある。そして、屋敷の前や周辺部に広がる水田が最も低い場所になり、洪水時やその後の水をためる遊水地（池）の役割を果たすようにしている。屋敷内にある建物は、付属屋、主屋、水塚の順に地盤面（基壇）を高くすることで洪水時でも浸水を受けにくくしている。とくに水塚は浸水を受けないような絶対的な高さが確保され、避難時の安全性が確保されている。

一方、屋敷内の各建物の盛土（基壇）は水塚を除き、日常生活での使い勝手を考慮して盛土のない場合もあり、地域ごとの浸水状況により高さは違いを見せる。また、屋敷内の盛土によるかさ上げは浸水時の水位上昇の時間に対応したもので、それまでの経験則を踏まえて高さを確保し、避難準備や避難の際の支障とならないようにしている。間取りを見ると、主屋では基本構成として南北に開口部を多く取り、室内も間仕切り壁を極力なくして建具を多用する。浸水時に建具を外すことで、水の流入に対する抵抗をなくし損傷被害を減らす。土壁部分は腰高までを板張りにして、浸水時に土壁が落ちないよう工夫を施している。加えて、天井は踏み天井として板を直接梁の上に敷き詰める。浸水時に簡単に板を外して、家具などを2階に上げることを可能にした。床下においても川砂を敷き詰め澪筋《みおすじ》を付けることで、浸水後の水捌けに配慮しているところもあり、家づくりにおいて災害を被ることを前提とした減災化を考慮している。

こうした地域の屋敷内の建物配置は、主屋の南側に庭を配し、屋敷林は季節風に配慮して、樹種は一年を通じて枝葉の多いものや根を地中にはわせるものが植えられ、冬季の季節風への配慮と浸水時の塚の頑強さおよび水勢緩和への配慮がされていた。構え堀は水塚の盛土採取で掘られることが多いが、水害時の水勢緩和や消火用水、生け簀《す》としての利用もあった。

一方、水屋の主な機能は、非常用の米、麦、味噌、醤油など食料保管の場として使われ、屋根裏は、洪水時の避難生活の場や家財道具などの保管場所として利用された。水屋は地域により水蔵や水倉と呼ぶ地域もあり、大阪府高槻市唐崎地区では段蔵《だんぐら》と呼び、建て方も若干違いを見せる。また、岐阜県海津市や大垣市では土蔵式水屋、倉庫式水屋、住居式水屋、土蔵住居式水屋、住居倉庫式水屋がある。

畔柳研究室の水屋調査メンバーによるフィールドワーク。大垣市十六町路上にて。撮影＝大西成明

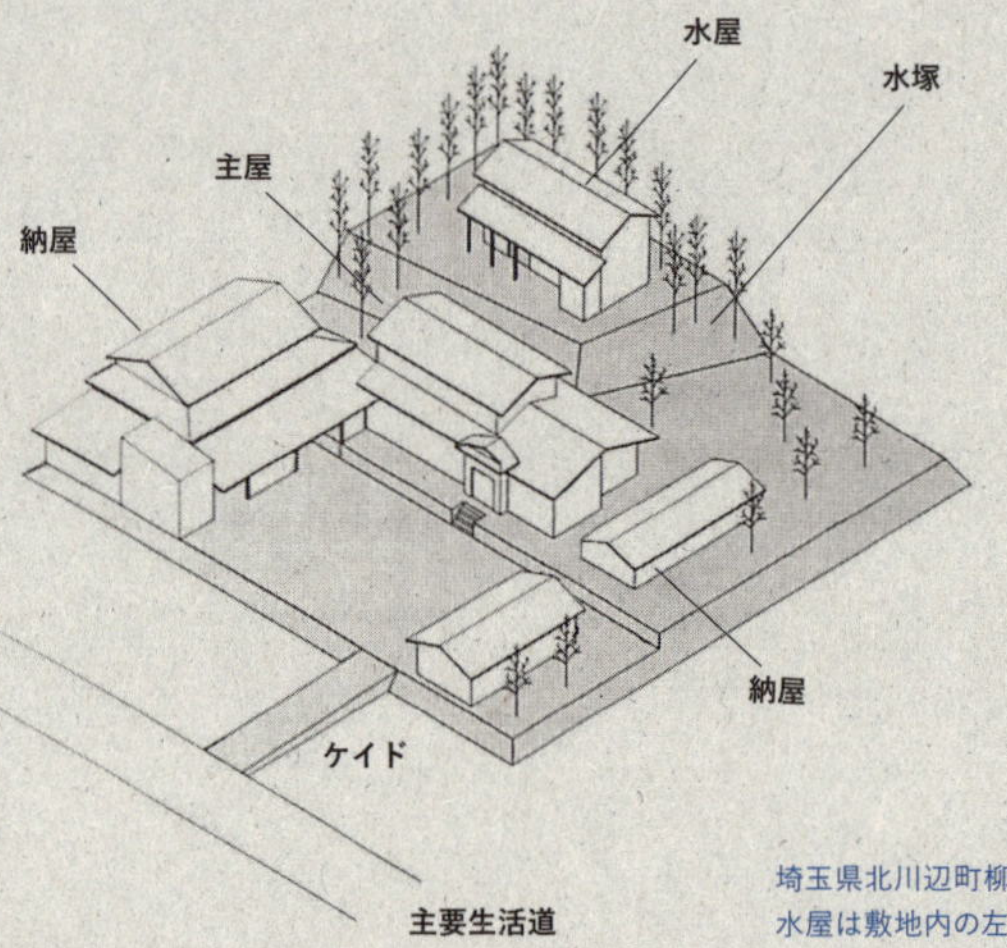

埼玉県北川辺町柳生新田の屋敷内家屋配置図。
水屋は敷地内の左奥に配置される場合が多い。

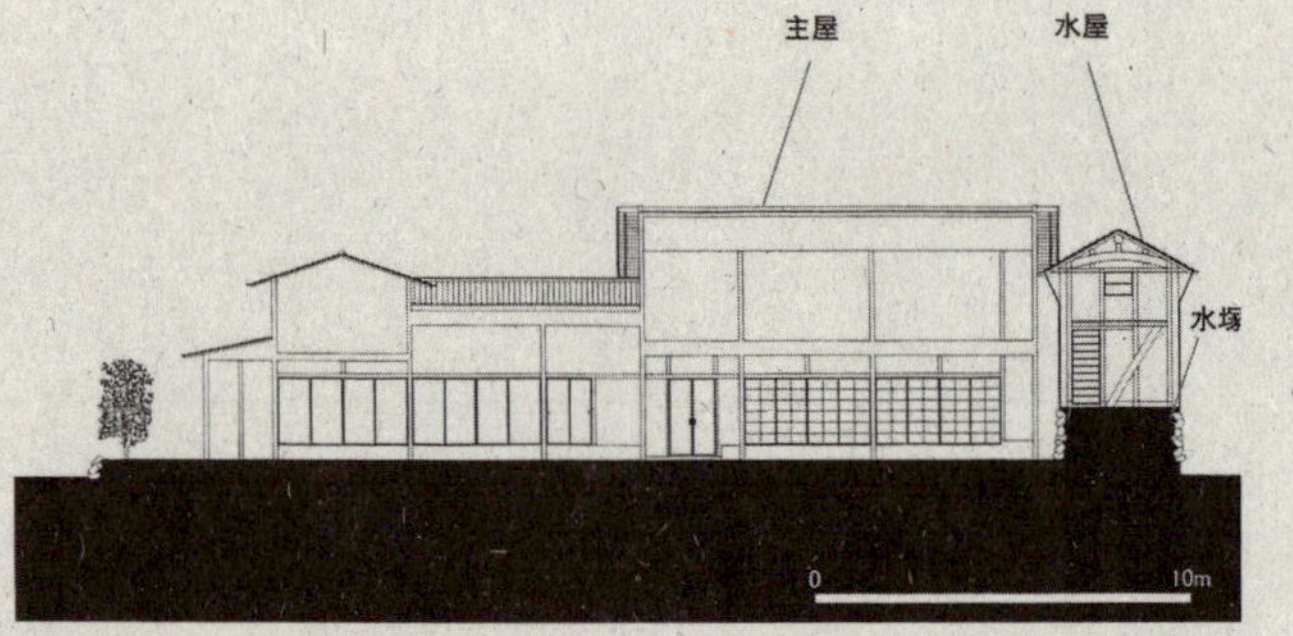

岐阜県大垣市十六町の屋敷内の主屋と水屋の断面図。水塚は主屋の1階部分半分ほどの高さに盛土され、その上に水屋が建てられている。

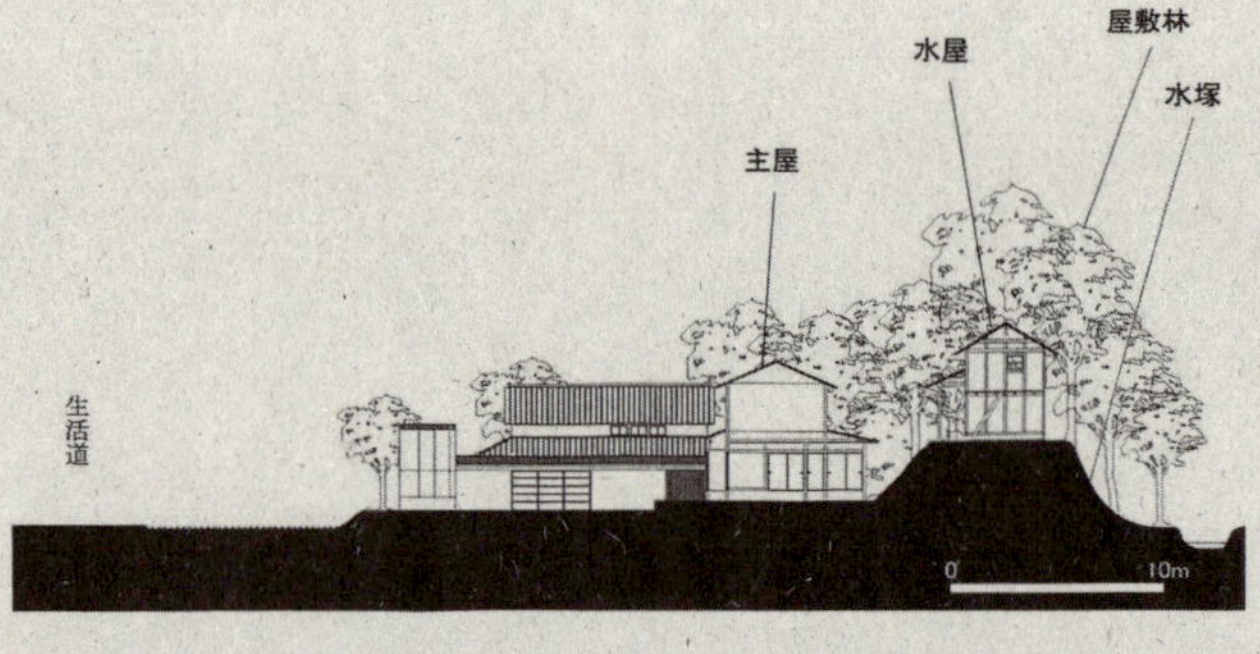

埼玉県北川辺町柳生新田の屋敷内断面図。水塚は主屋の2階床とほぼ同等の高さがあり、この地域の浸水がいかに深いかを物語る。

水害に対する住民と地域社会

水害常襲地帯に位置する集落や地区では、輪中堤や水塚・水屋を備えることで水の脅威に対する備えとしてきたが、さらに、地域社会全体においても常日頃と水害時の生活行動に対する取り組みや約束事を定めて被害の最小化に努めてきた。

日常では、先人の経験知を伝えている。たとえば、水害の予兆を知るうえでの昔からの言い伝え。岐阜県各務原市川島地区の場合、「川の石が鳴り始めたら注意」「四刻八刻十二刻」「畳上げよ、ゲタ上げよ」などである。「川の石が鳴り始めたら注意」は、川が増水すると川底の石が激しくぶつかり合い音が発せられるため、その音が聞こえてきたら洪水が起きる可能性が高い。「四刻八刻十二刻」は、雨が降り始めてから洪水になるまでの時間を表し、揖斐川《いびがわ》では四刻（8時間）、長良川では八刻（16時間）、木曽川では十二刻（24時間）でそれぞれ洪水が起こると言われ、これを一つの目安として洪水の準備をした。「畳上げよ、ゲタ上げよ」は、木曽山の大雨が3日も降り続く場合は洪水、氾濫は必至であり、水害を覚悟しなければならなかった。そこで、畳や戸に加えゲタのように軽いものも浮いて流されてしまうので、屋根裏や2階へ上げよという伝承だった。こうした言い伝えを住民間で継承して洪水に備えた。

また、ふだんから水害への備えとして舟を軒下に吊るし、主屋の軒下や床下に組み立て式の台座を常備し、水害時に畳や家財道具などを載せて水に浸かることを防いだ。欄間の下には「上げ棚」と呼ばれる棚を設け、6月から10月の出水期には日常的に高所に物を上げるようにし、床に物を置かないよう心がける生活習慣を身につけた。このように水害に対する危機意識に基づき非常時用具を準備しつつ、日常生活の中に生活習慣としての気遣いを心がけることで、水害被害の負担の軽減に努める生活が営まれてきた。

一方、水害時の行動は、浸水状況を勘案しながら仏壇を滑車で2階に上げたり、家財道具や建具類を水屋に運び込んだり、あるいは近所の神社や堤防上に物を運んだり、家畜を避難させたりする。その後、避難生活のための準備として、上げ舟を下ろし、炊き出しや水の汲み置きが行われた。こうした一連の準備行為を岐阜県大垣市十六町では「水かたづけ」と称し、このかたづけを行うことで、水害後の復旧を早めることに努めた。

加えて、自治会レベルにおける水害への対応を見ると、十六町では各世帯から成人男性を必ず参加させる「総出」という対応が取られ、水害への備えとして平常時あるいは増水時の水位を明確にするため、年に2度堤防の草刈り作業が行われてきた。また、河川の増水時には、水防係が輪中堤内の補強すべき場所や決壊しやすい場所を点検し、場合によっては集落総出で補強作業が行われた。その他、事前の役割分担に基づく防災訓練、水屋への家財道具の搬入および水屋のない近隣住民の避難、炊き出しの提供などが行われた。こうした平常時、水害時における行動規範は住民間での共同作業を通じて醸成が図られ継承されてきた。この取り決めや約束事は旧来の住民にとって地域に住むうえでの「暗黙の了解」であり、規範や相互扶助の源となっていた。

消えゆく災害文化

今日、治水整備の進展により、かつて水害常襲地帯と呼ばれた流域では被害は減少したが、代わって想定外であった流域や場所で被害が頻発する状況が起きている。そのため、国土交通省は「大規模氾濫に対する減災のための治水対策検討小委員会」を設置し、「水防災意識社会」の再構築を掲げ、水防建築の再考や地域内の自助、共助の重要性を提言するようになった。

しかし、前述してきたように、水防建築が多数建てられていた水害常襲地帯では治水整備により、すでに水防建築はその役割を終えて姿を消しつつあり、変貌を余儀なくされている。そのことは水屋・水塚が創出してきた地域特有の景観を消失させることにもつながっている。

一方、住民生活の面でも地区に住むうえでの「約束事」「暗黙の了解」が、今日の若い世代や新規に転入してきた住民にとってなじみにくいものとなっている。生活様式の変化や現在の治水整備が、約束事や暗黙の了解を不要にするといった状況変化も著しくなっている。

木曽三川流域の川島地区では、かつて住民間のつながりを深めることに気を配ってきた。「向こう三軒両隣という意識が強かったから、どこか旅行すると、土産を買ってきて隣に配ったりしてましたが、最近はそれもなくなりました。いつ誰がどこに行ったとかもわからなくなりました」「隣保班という集まりがあり、水害時には率先して動き、これがあることで絆は強かった。でも、最近は災害が少なくなってしまったんで名目だけ残っていますね」と地元の人は語る。

このように地区内においても生活感覚が大きく異なってきていることがわかる。今後、住民生活の中から生み出されてきた水防建築や規範意識、相互扶助で築かれてきた「生きるための知恵＝災害文化」を、消えゆくものとしていかに記録保存あるいは継承していくかが課題となってきているように思われる。

研究室内で水屋の模型制作を進める学生たち。
P77〜81の写真・図版提供（特記以外すべて）＝日本大学理工学部海洋建築工学科親水工学（畔柳・菅原）研究室

大切なのは、川を見る目を養うこと

高橋 裕

日本は昔も今も水害大国

２０１５年9月中旬、台風18号による関東・東北豪雨で鬼怒川の堤防が決壊した大水害は、まだ記憶に新しいところです。新聞で報道された「まさか堤防が切れるとは思わなかった」という被災者の言葉に、僕はびっくりしました。堤防にまで安全神話が及んでいるとは、思いもよらなかったからです。

どんな川でも何十年かに一度は必ず大洪水があり、堤防が絶対安全ということはありません。鬼怒川と、それに並行して流れる小貝川はどちらも利根川の支流ですが、昔から頻繁に水害を繰り返してきたところです。江戸時代、利根川の河口は東京湾から銚子港へと付け替えられましたが、この二つの川は昔の川筋にあたるため氾濫を起こしやすい危険な場所なのです。ここしばらくの間、大河川が氾濫することがなかったために、水害への危機意識が薄れていた。関東・東北豪雨は、こうした危機感の欠如に警鐘を鳴らすものでもありました。

とにかく日本は水害大国です。モンスーン温帯地域に属し、毎年必ず多数の台風が襲来するし、日本の河川のほとんどが急勾配で、氾濫を起こしやすい自然条件にあります。しかも下流部に大都市や産業が集中しているため、被害も大きくなりやすい。とくに第二次大戦後、昭和20（１９４５）年から34年までの15年間は、大水害が立て続けに起こり、ほとんど毎年１０００人もの死者を出しています。

まず、昭和20年9月と10月の2度の大きな台風は、敗戦直後の混乱期に追い打ちをかけ、大凶作となってさらなる食糧危機を招きました。続く昭和22年9月のカスリン台風では利根川本流が大破堤し、濁流が東京へ向かい、江東地区を水没させました。死者行方不明は全国で１９３０人、被災者は１６４万人にも上ります。24年にはデラ台風とキティ台風、25年にはジェーン台風、26年にはルース台風。そして28年には、梅雨前線による豪雨で筑後川・白川などが未曽有の大洪水となりました。また、昭和34年には死者行方不明５０００人を超える犠牲者を出した、日本の水害史上最悪となった伊勢湾台風がありました。これほど大水害が連発して起こった時代はなかったといってもいいでしょう。

明治以来の治水方針の破綻

では、なぜ戦後の十数年間に水害がこれだけ集中したのか？その原因としてよく言われたのが、異常豪雨とか、むやみな森林伐採など戦争による国土の荒廃です。しかし、さまざまな調査を通じて明らかになったのは、明治以来の治水方針が破綻したということでした。

ご存じのように、日本は明治維新を契機に近代化を強力に推し進め、治水に関してはデ・レーケをはじめとするオランダ人技術者に学んでインフラの整備をしていきます。

江戸時代まで急流河川で採用されていたのは、霞堤《かすみてい》でした。これは堤防を連続させずに切れ目を作り、雁行形に配置して、洪水時にはここから堤防の外へ水を逃がし、堤防の決壊の危険性を少なくしたものです。しかし明治以降は、貿易立国を目指して海に近い場所に大都市や工業地帯をつくったため、河口から順次上流へ向かって壮大な連続堤防を築いていきます。このときの治水方針は、流域に降った雨を河道に押し込め、なるべく早く海に流し出そうというものでした。川幅を広げ、湾曲部はできるだけ直線にし、高い連続堤防にして流下する流量を増やしたのです。その結果、流域内で遊んでいた水はすばやく河道に達し短時間に集中するため、洪水の出足が早くなり、しかも下流部では流量が増えることになりました。

こうした連続堤防の建設によって、中小の洪水の被害は明らかに減りました。しかし、何十年かに一度の大洪水の際には、その流速も規模もはるかに大きくなるというマイナス要因を抱えることになりました。皮肉にも、治水事業を熱心に進めた川ほど、中下流部で洪水流量が増えるという自己矛盾に直面したわけです。昭和20年代の利根川や筑後川などでの大洪水の本質的な原因は、ここにもあるといっていいでしょう。それは、明治以来の拡大型治水方針への反省を促すものでもありました。

河川工事には必ず副作用がある

河川事業で最も難しいのは、人間が川に手を加えると、必ずなんらかのマイナスの副作用が生じるということです。その典型的な例が、戦前の河川事業のなかでも屈指の大事業とされた新潟の大河津《おおこうづ》分水です。

信濃川下流部の新潟平野は、常に水害に見舞われる厄介な低湿地帯でした。そこで、信濃川を大河津で分水して、放水路を日本海へ設ける工事が昭和6年に完成。新潟平野の大水害は激減し、稲作も安定して米の産地として有名になり、工事は大成功でした。ところが、洪水流の大部分がこの放水路を流れるために、洪水が運ぶ大量の土砂が新潟河口に来なくなり、新潟海岸が浸食されるという予期しない後遺症に見舞われました。

もう一つは、天竜川の佐久間ダムの例です。佐久間ダムは当時、世界の最先端にあったアメリカのダム技術を導入して造った最初のダムで、昭和31年に完成。巨大な出力で昭和30年代以降の日本の電力不足を救うと同時に、高度経済成長に大きく寄与しました。ところがここでも、土砂がせき止められたために天竜川河口とその周辺の海岸が浸食されたのです。つまり自然を相手にする河川事業には、副作用が起こることがあり、人間の思うようには必ずしもいかないのです。

ハードとソフトが調和した治水策

明治以降、治水技術は格段に進歩しました。とくに戦後は急速に進展し、大規模な河川事業が次々と実現していくと、治水施設を造ること自体が目的化していきます。しかし本来の治水は、ハードとソフトのバランスがとれていてこそ功を奏するものです。

たとえば、名治水家とされた戦国時代の武将・武田信玄は、このハードとソフトをうまく組み合わせた治水策を取り入れています。有名なのは、甲府盆地を水害から守るために築いた信玄堤ですが、彼はその上流部に神社を引越しさせ、堤防をその参道にしました。祭りのときには大勢の人が神輿を担いで堤防を踏み固め、氏子たちは進んで参道の維持管理に努めた。こうした住民の参加や理解があってこその治水事業なのです。

ハードの技術が進歩すると、ソフトはややもすると軽んじられる傾向にあります。ソフトとは、主として住民の協力です。水害によく見舞われる地域では、水害への備えや心構えが伝承され、その地域特有の住まい方や暮らし方が形成されてきました。木曽三川に代表される輪中や、利根川や荒川でよく見られる水屋・水塚もその一つです。たとえば水屋をとってみても、ただ作りさえすればいいというものではありません。洪水はどの方向から来るのか。どの高さまで浸水するのか。また、水が引けるまで何日くらいかかって、備蓄食料はどれだけ用意すればよいのか。住民が過去の経験も含めて洪水をよく知っていたから、こうした自衛の手段が効果を発揮できたわけです。

堤防が立派になると、ついそれに頼り切ってしまう。すべてをお役所任せにしてしまう。そうすると、これまでに蓄積されてきた住民の知恵や、貴重な災害文化までが受け継がれなくなってしまいます。いざという時に自分の身を守る術は、決して忘れてはいけません。なにもかも他人任せにした結果が、冒頭で紹介した鬼怒川の洪水の「まさか堤防が切れるとは思わなかった」ということにもつながるのですから。

川を観察することで見えてくるもの

かつて川辺に住んでいた人々は、毎日川をよく見て、洲がどう動いたとか、堤防のここが危ないとか、川の異変をいち早く読み取る観察眼をもっていました。河川技術者にもまた、鋭い観察力を発揮して難しい川を治めた、名治水家といわれる先達がいました。先ほどの武田信玄もそうです。彼は河川工事にあたって、おそらく常に河床の土砂の動きなどを観察していたはずです。土砂の動きを見ると、堤防のどこが危ないかがわかる。土砂の動きは川を観察する際の、キーポイントの一つだからです。

戦前には、急流河川の難しい治水を担

当した鷲尾蟄龍《わしおちつりゅう》という優れた治水家がいました。彼と一緒に現場を歩いたことがありますが、砂防ダムの上流にたまった石の向きを見て、今年の洪水で流れてきたのか2〜3年前のものかを見分けることができました。その観察眼の鋭さから、「急流河川の神様」と呼ばれていた人です。難しい川を担当してきた技術者は、川をじっくよく観察していた。最近は国交省の河川技術者でさえ、川を見る目が衰えてきた人がいるような気がします。

川を詠んだ和歌や俳句から、日本人が古くから川に親しみ、また川をよく観察していた様子を読み取ることができます。たとえば「世の中は何か常なる飛鳥川昨日の淵ぞ今日は瀬になる」（『古今和歌集』詠み人知らず）。これは川の瀬と淵、つまり洲の変化の激しさを人の世の変遷になぞらえた歌です。河床の洲の変化を観察していたといえます。また、芭蕉の「五月雨を集めて早し最上川」。上流に降った雨で水かさが増し、流れが速くなっているという句ですが、これは急流河川の国に住む日本人ならではの発想です。長江とかアマゾン川、ミシシッピ川などの大河しか知らない外国人には、とても想像できないでしょう。このように、和歌や俳句の例を見ても、ただ美しいと表現するのではなく、川の微妙な変化を敏感に捉えてそれを楽しんでいる。自然観察に優れていた先人たちの感性に学ぶべきものが多々あります。

川辺を散歩した際には、川をじっくりと観察してほしいと思います。川を見る目を養い、身近に親しむことで、川の多様な表情も見えてくるのです。（談）

淀川。菅原城北大橋より下流を見る。 撮影＝大西成明